# Cálculo y operaciones

## Para trabajar el cálculo y sus aplicaciones

**Este cuaderno pertenece a:**

El cuaderno **Cálculo 1** de la serie **Entrénate** es una obra colectiva concebida, diseñada y creada por el Departamento de Ediciones Educativas de Santillana Educación, S. L., dirigido por Teresa Grence Ruiz.

En su elaboración ha participado el siguiente equipo:

TEXTO
Magdalena Rodríguez Pecharromán

EDICIÓN
Ana de la Cruz Fayos
Ana González Ramírez
Silvia Marín García

ILUSTRACIÓN
Begoña Pons
Eduardo Leal

EDICIÓN EJECUTIVA
Carlos Pérez Saavedra

DIRECCIÓN DEL PROYECTO
Maite López-Sáez Rodríguez-Piñero
Domingo Sánchez Figueroa

# Presentación

**ENTRÉNATE** es una colección de cuadernos para la etapa de Primaria, cuyo objetivo es practicar y reforzar las destrezas lingüísticas y matemáticas básicas: ortografía, escritura, cálculo y operaciones y razonamiento.

Los **cuadernos de cálculo y operaciones** están organizados por bloques que se desarrollan en grupos de fichas distinguibles por colores. Los niños y niñas podrán realizar cada una de estas fichas de manera autónoma, para afianzar las operaciones básicas y sus principales reglas, así como reconocer cuándo aplicar uno u otro tipo de cálculo en el entorno de la resolución de problemas.

Pero ¿qué tienen de especial los cuadernos de cálculo y operaciones **ENTRÉNATE**? Por primera vez se presenta un material didáctico de marcado carácter **lúdico y motivador**, que huye de la monotonía y el automatismo de otros cuadernos de cálculo y operaciones y hace más atractivo el trabajo.

Así, cada bloque comienza con un entrenamiento de los cálculos que se van a utilizar, y se continúa con algunas fichas donde se practican estos cálculos contextualizados en problemas cotidianos y extraídos de la que puede ser la vida real de los alumnos y alumnas a los que va dirigido.

Cada bloque termina con un juego donde, con carácter lúdico, se practican los cálculos y operaciones que se han trabajado.

El cuaderno incorpora un **solucionario** independiente, destinado a los docentes o tutores. En él aparecen las soluciones de las actividades propuestas en las fichas.

Estamos seguros de que, con **ENTRÉNATE**, los niños y niñas terminarán la Educación Primaria dominando el cálculo, sus reglas y operaciones con la rigurosidad y el nivel exigido, además habrán disfrutado de este novedoso material.

# Índice

# Para calcular bien

- ¿Sabes escribir los números?

Copia los números.

0 ▶ 0 | 1 ▶ | 2 ▶
3 ▶ | 4 ▶ | 5 ▶
6 ▶ | 7 ▶ | 8 ▶
9 ▶ | 10 ▶
35 ▶ | 47 ▶

0 1 2 3 4 5 6 7 8 9 10 11 12

0

- ¿Sabes colocar los números en la cuadrícula para realizar operaciones?

6 + 2 = 8

57 − 43 = 14

Copia en su lugar.

```
   6        6
 + 2   ▶  +
 ───      ───
   8
```

```
   57       5
 − 43  ▶
 ────     ────
   14
```

## ¿Cómo resuelves un problema?

Maite tiene 4  y 3 .

¿Cuántas pinturas tiene Maite?

- Busca los datos del problema.

Colorea las pinturas de Maite.

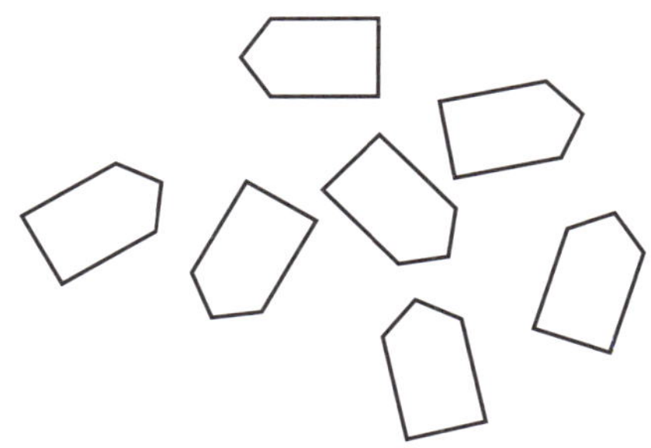

- Reconoce la pregunta.

Cópiala.

- Piensa en cómo se resuelve.

Colorea la operación y completa.

4 + 3 = 7

4 − 3 = 1

Solución: Tiene ☐ pinturas.

# Gimnasio matemático

**1.** Dibuja y calcula.

$5 + 3 = \square$

$7 - 2 = \square$

**2.** Suma y resta.

$3 + 2 = \square$ $\quad 0 + 7 = \square$ $\quad 6 + 3 = \square$

$4 - 3 = \square$ $\quad 6 - 0 = \square$ $\quad 9 - 7 = \square$

$\begin{array}{r} 5 \\ +\ 2 \\ \hline \square \end{array}$ $\quad \begin{array}{r} 3 \\ +\ 7 \\ \hline \square \end{array}$ $\quad \begin{array}{r} 8 \\ +\ 0 \\ \hline \square \end{array}$ $\quad \begin{array}{r} 6 \\ -\ 4 \\ \hline \square \end{array}$ $\quad \begin{array}{r} 8 \\ -\ 2 \\ \hline \square \end{array}$

## CÁLCULO MENTAL

$4 + 1 = \square$

$6 + 1 = \square$

$3 + 1 = \square$

$8 + 1 = \square$

$4 - 1 = \square$

$6 - 1 = \square$

$3 - 1 = \square$

$8 - 1 = \square$

# En la verbena

**1.** **Cuenta en el dibujo y contesta.**

- ¿Cuántas personas hay en el tren? ☐
- ¿Cuántas personas van a subir? ☐
- ¿Cuántas personas habrá al final en el tren?

☐ + ☐ = ☐ Habrá ☐ personas.

**2.** **¿Cuánto cuestan las entradas? Calcula.**

y

☐ + ☐ = ☐

Cuestan ☐ euros.

y

☐ + ☐ = ☐

Cuestan ☐ euros.

**3.** ¿Qué premio conseguirán? Suma los puntos y rodea.

$\square + \square = \square$

$\square + \square = \square$

$\square + \square = \square$

$\square$
$+ \square$
$\square$

$\square$
$+ \square$
$\square$

**4.** Colorea los globos de cada grupo que suman 10.

FICHA 3

# Hacemos disfraces

**1.** Une cada resta con su resultado y colorea los gorros.

**2.** ¿Cuántas estrellas quedan en cada bolsa? Lee y calcula.

Pepe coge 5 ★.

☐ − ☐ = ☐ ▸ Quedan ☐ ★.

Maite coge 4 ★.

☐ − ☐ = ☐ ▸ Quedan ☐ ★.

3. ¿Cuántos botones sobran o faltan? Lee, rodea y calcula.

- Hay 7 botones azules.

faltan sobran

☐ – ☐ = ☐ ▸ Sobra ☐ (botón azul).

- Hay 4 botones amarillos.

faltan sobran

☐ – ☐ = ☐

______ ☐ (botón amarillo).

- Hay 10 botones rojos.

faltan sobran

☐ – ☐ = ☐

______ ☐ (botón rojo).

4. Piensa y resuelve.

Ana coge 7 cintas para hacer lazos.
Al final le han sobrado 5.
¿Cuántas cintas ha usado?

7 – ☐ = 5 ▸ Ha usado ☐ cintas.

# Comemos en el campo

**1.** **Busca en el dibujo y resuelve.**

- ¿Cuántos bocadillos llevan en total Juan y Lucía?

Juan ▸ ☐

Lucía ▸ ○ ☐

en total ▸ ☐

Llevan ☐ bocadillos.

- Silvia come 3 galletas del paquete.
  ¿Cuántas galletas quedan?

hay ▾ come ▾ quedan ▾

☐ ○ ☐ = ☐

Quedan ☐ galletas.

## 2. Lee y calcula.

- Raúl da 2 fresas a Carla.
  ¿Cuántas fresas tiene ahora cada niño?

☐ ○ ☐ = ☐ Raúl tiene ☐ .

☐ ○ ☐ = ☐ Carla tiene ☐ .

## 3. Piensa y resuelve.

Llevan en una mochila 7 botellas de agua.
Álex ya ha sacado 3.

- ¿Cuántas botellas le faltan por sacar?

☐ ○ ☐ = ☐ Le faltan por sacar ☐ .

- Si cada niño bebe una botella,
  ¿cuántas botellas sobran?

☐ ○ ☐ = ☐ Sobra ☐ .

# Ludoteca: El sudoku

## Reglas del juego

1. Calcula las sumas y restas.
2. Mira el resultado y colorea.

3  6  9 

3. Colorea las manzanas que faltan.

| | | |
|---|---|---|
| 4 + 2 = 6 | 6 + 3 = | 7 − 4 = |
| 5 − 2 = | 9 − 3 = | |
| 5 + 4 = | | 6 + 0 = |

¡ATENCIÓN!

En cada fila y columna habrá una manzana de cada color.

# Gimnasio matemático

**1.** Observa la recta y calcula.

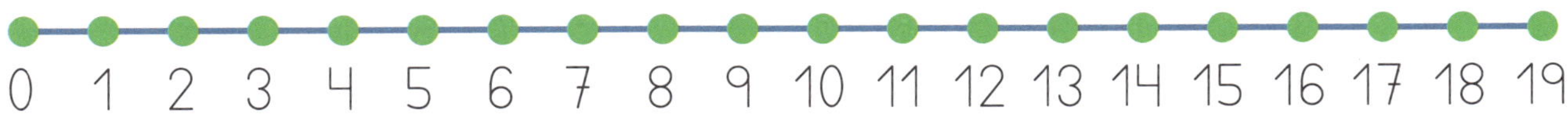


$9 + 6 = \square$ $12 + 5 = \square$ $13 - 8 = \square$

$5 + 3 + 4 = \square$ (5 + 3 = $\square$) $9 + 7 + 2 = \square$ (9 + 7 = $\square$)

**2.** Suma y resta.

$7 + 5 = \square$ $8 + 4 = \square$ $14 + 3 = \square$

$11 - 3 = \square$ $14 - 6 = \square$ $19 - 5 = \square$

$4 + 5 + 6 = \square$ $8 + 3 + 7 = \square$

## CÁLCULO MENTAL

$6 + 2 = \square$
$7 + 2 = \square$
$8 + 2 = \square$
$9 + 2 = \square$

$7 - 2 = \square$
$6 - 2 = \square$
$5 - 2 = \square$
$4 - 2 = \square$

# Jugamos un partido

**1.** Cuenta en el dibujo los jugadores y completa. Después, calcula.

| Equipo naranja | | Equipo verde | |
|---|---|---|---|
| En el campo ▸ | ☐ | En el campo ▸ | ☐ |
| En el banquillo ▸ | ☐ | En el banquillo ▸ | ☐ |

- ¿Cuántos jugadores tiene cada equipo?

  Naranja: ☐ + ☐ = ☐

  Verde: ☐ + ☐ = ☐

Suma. Luego, mira el dibujo y comprueba.

- ¿Cuántos jugadores hay en el campo?

  ☐ + ☐ = ☐

- ¿Cuántos jugadores hay en los banquillos?

  ☐ + ☐ = ☐

**2.** Suma dos números y escribe el resultado en el balón que está encima.

**3.** Lee, calcula y completa el marcador al final del partido.

| DESCANSO | |
|---|---|
| | |
| 8 | 9 |

En la segunda parte, los rojos meten 8 puntos y los verdes 6.

Los rojos

Los verdes

| FINAL | |
|---|---|
| | |
| | |

¿Quién ha ganado el partido?

# La fiesta de cumpleaños

**1.** Observa el dibujo y calcula.

1. Busca los datos.
2. Calcula la suma.
3. Cuenta y comprueba.

- ¿Cuántos botes de refresco hay?

☐ + ☐ + ☐ = ☐

Hay ☐ botes.

- ¿Cuántos trozos de tarta hay?

☐ + ☐ + ☐ = ☐

Hay ☐ trozos.

**2.** ¿Cuántos hay en total? Calcula.

☐
☐
○ ☐
———
☐

Hay ☐ gorros.

☐
☐
○ ☐
———
☐

Hay ☐ antifaces.

**3.** Lee y resuelve.

- En una piñata hay 6 caramelos de naranja, 9 de fresa y 3 de limón.
  ¿Cuántos caramelos hay en total?

☐ + ☐ + ☐ = ☐

En total hay ☐ caramelos.

- En la otra piñata hay 10 caramelos de naranja y algunos de fresa y de limón. En total hay 15.

10 + ☐ + ☐ = 15

Inventa y completa.

# Una excursión en barco

**1.** Lee los dos bocadillos y calcula.

¿Cuántos adultos van a la excursión?

☐ – ☐ = ☐

Van ☐ adultos.

**2.** Resta y completa.

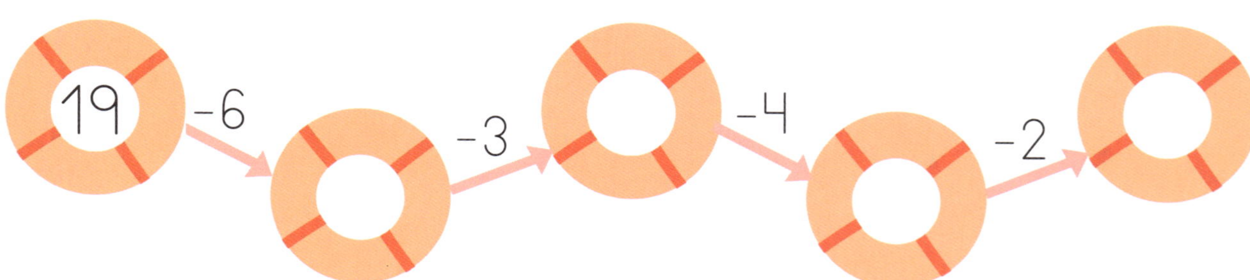

**3.** **Calcula cuántas fotos tiene ahora cada niño.**

Carlos hizo 13 fotos, pero borró 4.

$$\begin{array}{r} \square \\ - \ \square \\ \hline \square \end{array}$$

Tiene ☐ fotos.

Raquel hizo 18 fotos, pero borró 6.

$$\begin{array}{r} \square \\ - \ \square \\ \hline \square \end{array}$$

Tiene ☐ fotos.

**4.** **¿Cuántos delfines vio cada niño? Lee y calcula.**

- Rosa vio 12 delfines.
- David vio 3 delfines menos que Rosa.
- Pilar vio 5 delfines menos que Rosa.

Rosa ▸ ☐ ▸ David ▸ ☐ – ☐ = ☐

Pilar ▸ ☐ – ☐ = ☐

**5.** **Piensa, calcula mentalmente y completa.**

Alba vio 15 animales.
9 eran delfines
y los demás, orcas.

Vio ☐ animales:

☐ delfines y ☐ orcas.

# En el salón de juegos

**1. Observa y calcula cuántos puntos tiene ahora cada niño.**

Cuatro amigos juegan a la ruleta.

☐ ○ ☐ = ☐

Ahora tiene ☐ puntos.

☐ ○ ☐ = ☐

Ahora tiene ☐ puntos.

☐ ○ ☐ = ☐

Ahora tiene ☐ puntos.

☐ ○ ☐ = ☐

Ahora tiene ☐ puntos.

**2.** **Lee y resuelve.**

Ramón está haciendo un puzle de 16 piezas.
Ha colocado ya 9 piezas.
¿Cuántas le quedan por colocar?

☐ ○ ☐ = ☐

Le quedan por colocar ☐ piezas.

**3.** **¿Cuántos puntos consigue cada niño en la diana?**
**Lee, busca los datos y calcula.**

Rocío tira (canica azul) y Óscar tira (canica marrón).

- Rocío ▸ ☐ ○ ☐ ○ ☐ = ☐
- Óscar ▸ ☐ ○ ☐ ○ ☐ = ☐

Diego consigue 2 puntos más que Rocío y María 4 puntos menos que Óscar.

- Diego ▸ 14 ○ ☐ = ☐
- María ▸ 13 ○ ☐ = ☐

¿Quién ha ganado la partida? ________________

# Ludoteca: Una serie mágica

**Reglas del juego**

1. Calcula y completa las casillas que tienen un punto de color.
2. Escribe el número de esas casillas.
3. Piensa un número menor que 7, escríbelo en el primer ⬡ y completa la serie.

| | | | | |
|---|---|---|---|---|
| 9 | + | 3 | = | 🔴 |
| − | | − | | − |
| 🟡 | + | 🟢 | = | 3 |
| = | | = | | = |
| 8 | + | 1 | = | 🔵 |

🔴 ▸ ☐ 🟡 ▸ ☐ 🟢 ▸ ☐ 🔵 ▸ ☐

Tu número

⬡ —(+ 🔴)→ ⬡ —(− 🔵)→ ⬡ —(− 🟢)→ ⬡ —(− 🟡)→ ⬡

Mira el último número de la serie.

¿Es el que tú pensaste? ______

Prueba con otros números. ¿Ocurre lo mismo? ______

# Gimnasio matemático

**1.** Calcula.

| D | U |
|---|---|
| 5 | 3 |
| + 1 | 4 |
| | 7 |

| | D U | |
|---|---|---|
| ☐ ⟨ | 31 | ⟩ ☐ |
| | 25 | |
| | + 42 | |
| | ☐ | |

| D | U |
|---|---|
| 7 | 8 |
| − 3 | 6 |
| | |

**2.** Suma y resta.

| | | | | |
|---|---|---|---|---|
| | | | 43 | 25 |
| 46 | 48 | 75 | 4 | 30 |
| + 33 | − 6 | − 21 | + 51 | + 42 |
| ☐ | ☐ | ☐ | ☐ | ☐ |

## CÁLCULO MENTAL

$2 + 3 = \square$

$3 + 3 = \square$

$5 + 3 = \square$

$6 + 3 = \square$

$8 - 3 = \square$

$6 - 3 = \square$

$5 - 3 = \square$

$4 - 3 = \square$

# El dinero de mi hucha

**1.** ¿Cuánto dinero hay en cada hucha? Suma mentalmente y completa.

▸ ☐ céntimos

▸ ☐ céntimos

▸ ☐ euros

▸ ☐ euros y ☐ céntimos

**2.** Observa y resuelve. Después rodea las monedas de la solución.

40 céntimos

97 céntimos

- Elsa tiene 70 céntimos. Compra una barra de pan. ¿Cuántos céntimos le sobran?

  ☐ ○ ☐ = ☐

  Le sobran ☐ ______.

- Marco tiene 30 céntimos. Quiere comprar una bolsa de patatas. ¿Cuántos céntimos le faltan?

  ☐ ○ ☐ = ☐

  Le faltan ☐ ______.

**3.** Piensa y completa las sumas y restas.

| | |
|---|---|
| 50 + ☐ = 90 | 80 − ☐ = 50 |
| 63 + 20 = ☐ | 79 − 30 = ☐ |
| 42 + ☐ = 62 | 56 − ☐ = 16 |

# Cuidamos a los animales

**1.** Observa el cartel y calcula cuántos animales tiene en total cada granjero.

- Miguel ▸ 21 gallinas y 7 pollitos
- Elena ▸ 34 cerdos y 15 conejos
- Tomás ▸ 46 vacas y 32 caballos

Miguel

D U
2 1
+ 7

Elena

D U
+

Tomás

D U
+

**2.** **Observa y resuelve.**

¿Cuántos litros de leche hay en los cubos?

26
\+

Hay ☐ litros de leche.

¿Cuántos huevos hay en las cestas?

\+

Hay ☐ huevos.

**3.** **Calcula cuántas ovejas tienen Paula y Jaime.**

Jaime

Tengo 62 ovejas.

Dani

Tengo 5 ovejas más que Dani.

Paula

Y yo 34 ovejas más que él.

Paula

Jaime

Paula tiene ☐ ovejas y Jaime tiene ☐.

# Vamos a la nieve

1. **Lee, busca los datos y calcula.**

- La familia de Jorge alquila unos esquíes, unas botas y una tabla. ¿Cuánto pagará?

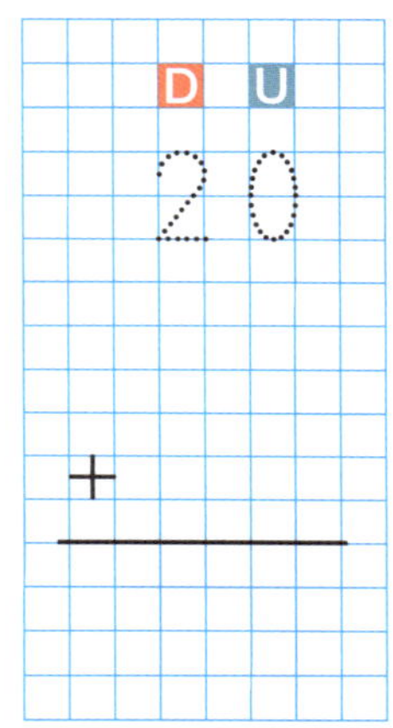

Pagará ☐ €.

- La familia de Lola alquila unas botas, un mono y unos esquíes. ¿Cuánto pagará?

☐ + ☐ + ☐ = ☐

Pagará ☐ €.

**2.** Escribe los números y suma.

**3.** Observa en la tabla las personas que subieron en cada telesilla y resuelve.

| | A | B | C |
|---|---|---|---|
| Por la mañana | 42 | 31 | 15 |
| Por la tarde | 23 | 12 | 5 |

¿Cuántas personas subieron por la mañana? ¿Y por la tarde?

Por la mañana

Por la tarde

# La función del Mago Lio

**1.** **Busca los datos en el dibujo y resuelve.**

- Cristina sacó una entrada 8 días antes de la función. ¿Qué día sacó la entrada?

Sacó la entrada el día ☐ de ______.

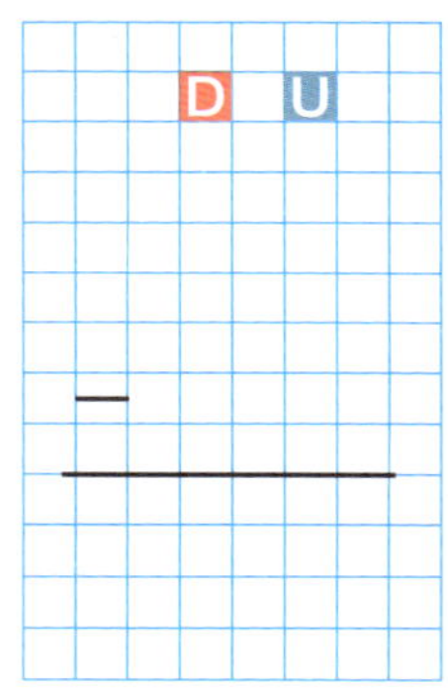


- Para pagar la entrada dio 15 €. ¿Cuántos euros le devolvieron?

Le devolvieron ☐ ______.

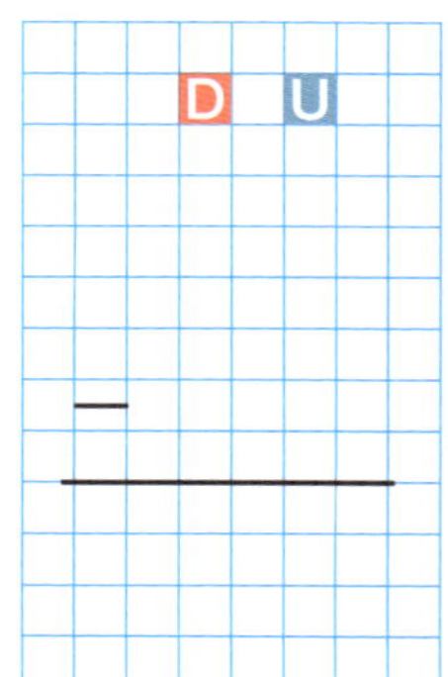

2. Lee y resuelve.

8 5
−

En la función, el mago hizo 24 trucos de su libro. ¿Cuántos trucos no hizo?

No hizo ☐ ________ .

3. Calcula tres restas con los números del sombrero.

4. Piensa y calcula.

Había 47 pañuelos. Ahora solo hay 13. ¿Cuántos pañuelos han desaparecido?

Han desaparecido ☐ ________ .

# En la juguetería

1. Observa el dibujo, elige el juguete de más precio que puede comprar cada niño y di cuánto dinero le sobra.

Sandra compra ______.

Le sobran ☐ ______.

Alberto compra ______.

Le sobran ☐ ______.

**2.** **Lee, calcula y completa la etiqueta de cada juguete.**

El muñeco cuesta 23 € y el videojuego, 58 €.

__ €

__ €

El dron cuesta 46 € más que el muñeco.

__ €

El castillo cuesta 7 € menos que el videojuego.

__ €

**3.** **Observa el dinero que tienen los niños y calcula. Después, piensa y completa.**

Eva, Luis y Susana quieren comprar la bicicleta. Han juntado su dinero. ¿Tienen suficiente?

______, porque les faltan ___ euros.

# Ludoteca: El dibujo escondido

## Reglas del juego

1. Calcula las sumas y restas.
2. Busca el resultado en el dibujo, y pinta la zona de su color.

$$\begin{array}{r} 31 \\ +\ 6 \\ \hline \square \end{array} \quad \begin{array}{r} 42 \\ +23 \\ \hline \square \end{array} \quad \begin{array}{r} 64 \\ +32 \\ \hline \square \end{array}$$

$$\begin{array}{r} 59 \\ -\ 7 \\ \hline \square \end{array} \quad \begin{array}{r} 86 \\ -65 \\ \hline \square \end{array} \quad \begin{array}{r} 97 \\ -54 \\ \hline \square \end{array}$$

$$\begin{array}{r} 21 \\ 45 \\ +12 \\ \hline \square \end{array} \quad \begin{array}{r} 36 \\ 1 \\ +52 \\ \hline \square \end{array}$$

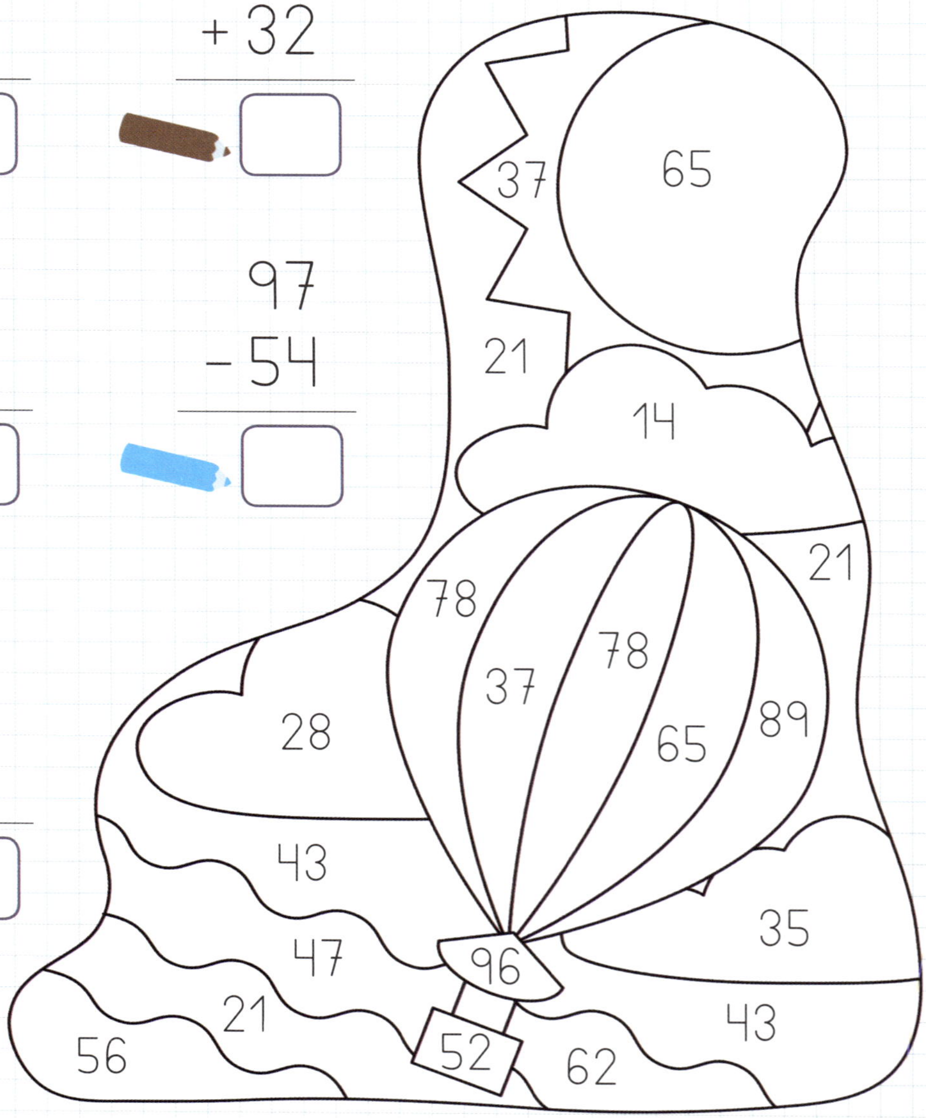

# Gimnasio matemático

**1.** Suma.

| D U | D U | D U |
|---|---|---|
| (1) | ( ) | ( ) |
| | | 38 |
| 57 | 43 | 15 |
| + 6 | + 29 | + 42 |
| 3 | | |

**2.** Calcula.

| | | | | |
|---|---|---|---|---|
| | | | 21 | 45 |
| 79 | 36 | 64 | 7 | 19 |
| + 4 | + 35 | + 28 | + 56 | + 23 |
| | | | | |

## CÁLCULO MENTAL

$3 + 1 = \square$

$5 + 2 = \square$

$4 + 3 = \square$

$6 + 4 = \square$

$9 - 1 = \square$

$8 - 2 = \square$

$7 - 3 = \square$

$5 - 4 = \square$

FICHA 20

# Ayudamos en la huerta

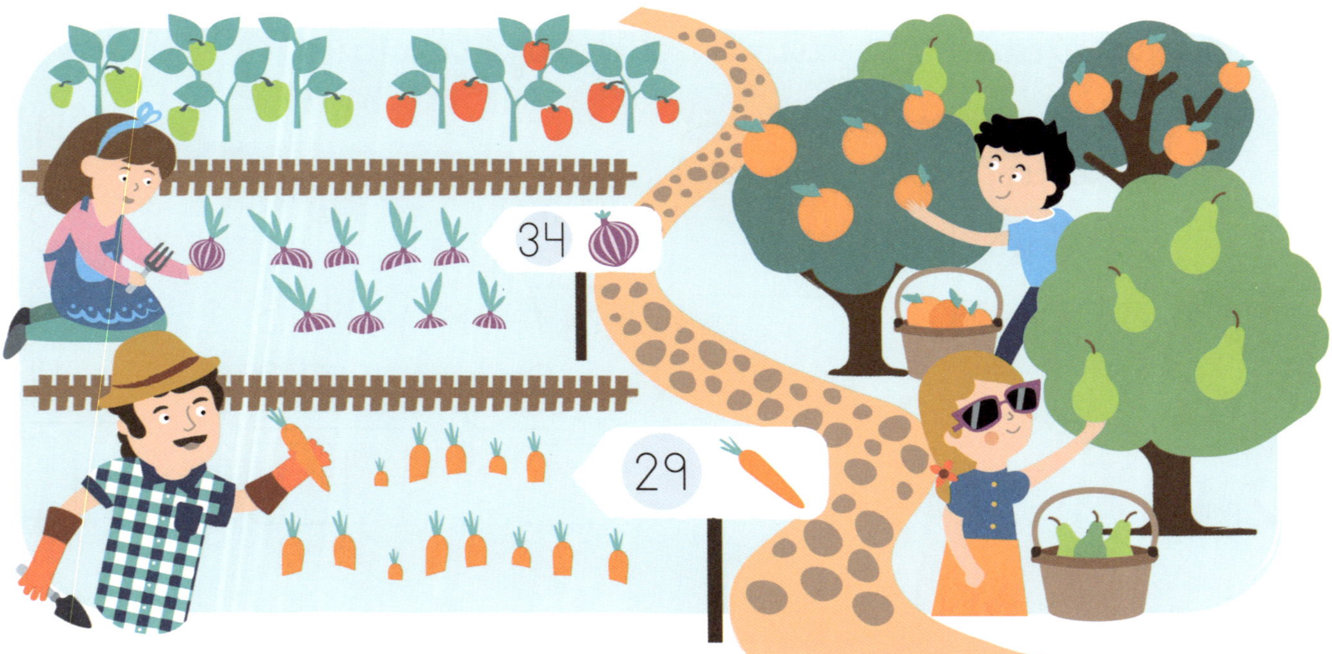


**1.** ¿Cuántos hay en total? Suma y completa.

☐ + ☐ = ☐

Hay ☐ naranjas.

☐ + ☐ = ☐

Hay ☐ ______.

**2.** Completa las series.

| Suma 6 cada vez | 9 | 15 | | | | | |
|---|---|---|---|---|---|---|---|
| Suma 8 cada vez | 26 | | | | | | |

**3.** Busca el dato que falta en el dibujo inicial, completa y resuelve.

- Fernando siembra 5 zanahorias.
  ¿Cuántas zanahorias hay ahora?

Había ☐.

Siembra ☐.

Ahora hay ☐ ________.

| D | U |
|---|---|
| 2 | 9 |
| + | 5 |

- Nuria siembra 9 cebollas.
  ¿Cuántas cebollas hay ahora?

Había ☐.

Siembra ☐.

Ahora hay ☐ ________.

| | |
|---|---|
| 3 | 4 |

**4.** ¿Qué números faltan en estas sumas? Completa.

$$\begin{array}{r} 5\ 8 \\ +\ \ \square \\ \hline \square\ 2 \end{array} \qquad \begin{array}{r} 4\ \square \\ +\ \ 5 \\ \hline \square\ 4 \end{array} \qquad \begin{array}{r} \square\ 6 \\ +\ \ \square \\ \hline 8\ 2 \end{array} \qquad \begin{array}{r} \square\ \square \\ +\ \ 8 \\ \hline 9\ 3 \end{array}$$

# Un viaje en autocar

**1.** **Busca los datos en el dibujo y calcula.**

¿Cuántas personas había en  y ?

D U
  4 5
+ 2 8

Había ☐ ______.

¿Cuántas personas había en  y ?

D U
  3 6
+

Había ☐ ______.

En la primera parada de  suben 19 personas. ¿Cuántas personas viajan ahora en ese autocar?

  2 8

Ahora viajan ☐ ______.

2. Observa el mapa y calcula cuántos kilómetros recorre cada autocar.

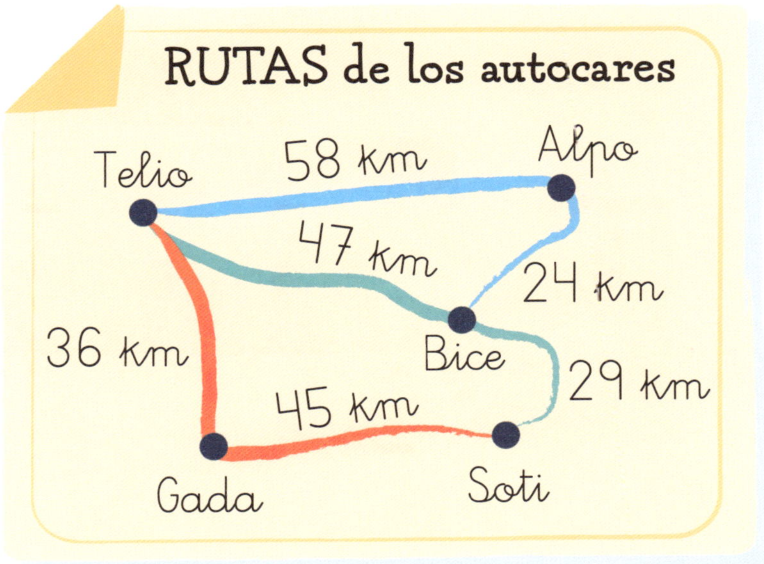

¿Qué autocar recorre más kilómetros?

- Carmen quiere ir de Soti a Alpo por el camino más corto. ¿Qué autocares cogerá?

¿Cuántos kilómetros recorrerá? ___ km.

# Ordenamos el almacén

**1.** **Busca en el dibujo, completa y calcula.**

- ¿Cuántas gorras hay en total?

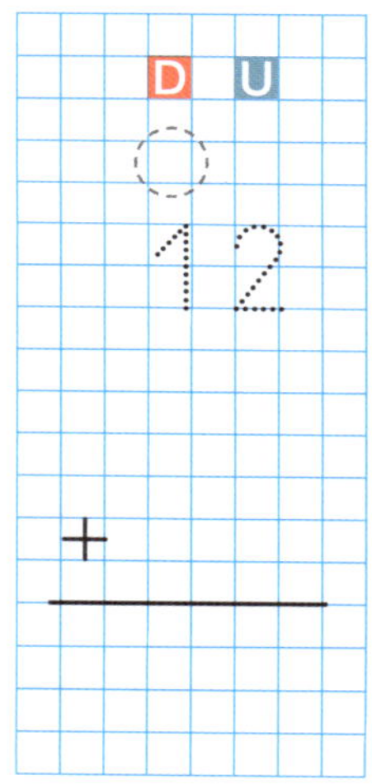


Hay ☐ ______.

- ¿Cuántos pantalones hay?

☐ + ☐ + ☐ = ☐ Hay ☐ ______.

**2.** Observa la tabla, calcula cuántas camisetas hay de cada tipo y contesta.

| |  |  |  |
|---|---|---|---|
| Grandes | 23 | 9 | 17 |
| Medianas | 35 | 42 | 8 |
| Pequeñas | 14 | 38 | 43 |

- ¿De qué tamaño hay más camisetas: grandes o pequeñas?

- ¿De qué color hay más camisetas: verdes, azules o rojas?

# Coleccionamos muchas cosas

**1. Observa el dibujo, lee y calcula.**

- ¿Cuántos cromos tiene Iván?

Tengo 29 cromos más que Inés.

Iván tiene ____ ____.

- ¿Cuántos cromos tiene Javier?

Yo tengo 21 menos que Inés.

Javier tiene ____ ____.

**2.** Lee y resuelve.

- Belén colecciona conchas.
  Tiene 46 , 12  y 5 .
  ¿Cuántas conchas tiene Belén?

  Tiene ____ ____________.

- Alba tenía 27 piedras y su amigo Edu tenía 65.
  Edu regala 13 piedras a Alba.

  — ¿Cuántas piedras tiene ahora cada niño?

Tiene ____.

Tiene ____.

  — ¿Cuántas piedras tenían entre los dos al principio? ¿Y ahora?

| Al principio | Ahora |
| --- | --- |
| | |

# Ludoteca: Lío de letras

## Reglas del juego

1. Realiza las operaciones que aparecen en las letras.
2. Colorea las letras con resultado 54.
3. Escribe la palabra y dibuja lo que es.

¿Qué palabra has descubierto?

PROYECTO

# Cuidando las plantas

Quieres comprar dos plantas para decorar tu casa. Tienes dos macetas y necesitas tierra para plantarlas.

Estas son las plantas que más te gustan:

**FICUS**

- Altura: 68 cm
- Tierra necesaria para plantarla: 2 kg

**ARECA**

- Altura: 79 cm
- Tierra necesaria para plantarla: 3 kg

**DRÁCENA**

- Altura: 61 cm
- Tierra necesaria para plantarla: 1 kg

- **Las plantas elegidas.**

  Quieres colocar las plantas en tu salón. Solo caben las plantas que miden menos de 70 cm de altura.

  ¿Qué plantas puedes comprar?

  Puedo comprar ______________________.

- **La tierra.**

Calcula los kilos de tierra que necesitas.
Después, rodea el saco que debes comprar.

3 kg

6 kg

2 kg

- **El recipiente para regar.**

Te han dicho que para regar las plantas necesitas un recipiente en el que quepa por lo menos un litro de agua. Rodea los recipientes que puedes utilizar.

- **Completa el texto con los datos que has obtenido.**

Voy a comprar ☐ plantas: un ________________ y una ________________. Además, necesito comprar un saco de ☐ kilos de tierra y usar una ________________ o una ________________ para regar las plantas.